BEI GRIN MACHT SICH IHR WISSEN BEZAHLT

- Wir veröffentlichen Ihre Hausarbeit,
  Bachelor- und Masterarbeit

- Ihr eigenes eBook und Buch -
  weltweit in allen wichtigen Shops

- Verdienen Sie an jedem Verkauf

Jetzt bei www.GRIN.com hochladen und kostenlos publizieren

Impressum:

Copyright © 2017 GRIN Verlag, Open Publishing GmbH
Druck und Bindung: Books on Demand GmbH, Norderstedt Germany
ISBN: 9783668589520

Moritz Lehmann, Niklas Stenger

Physikalische Eigenschaften und Anwendung des Rasterkraftmikroskops

Physikalisches Praktikum für Fortgeschrittene

GRIN Verlag

Physikalisches Praktikum für Fortgeschrittene

Universität Bayreuth

Versuch AFM: Rasterkraftmikroskop

Gruppe 9

Moritz Lehmann, Niklas Stenger

07.09.2017

Inhaltsverzeichnis

1 Einleitung

Um Abstände zu messen, kann man die entsprechenden Distanzen zunächst mit einem Lineal ausmessen. Für kleinere Abstände, die sich damit nicht erfassen lassen oder für kleinere Strukturen verwendet man die Methoden der Optik, beispielsweise Instrumente wie das Fabry-Perot-Etalon und optische Phänomene wie beispielweise Interferenz. Jedoch ist auch diese Methode auf die Größenordnung der Wellenlänge des verwendeten Lichts beschränkt. Für noch feinere Strukturen kann man die Nutzung von kleinen Strömen oder Kräften im Rastertunnelmikroskop oder Rasterkraftmikroskop.
In unserem Versuch werden wir uns mit den physikalischen Eigenschaften des Rasterkraftmikroskops befassen.

2 Methodik

Das Rasterkraftmikroskop verwendet eine feine Siliziumfeder (Cantilever), um die Kräfte zwischen der Probe und dem Gerät zu messen. Dies geschieht durch die Auslenkung der Feder durch die auftretenden Kräfte. Die Federkonstante muss dementsprechend gering sein. Um die Auslenkung der Feder zu messen, wird ein Laserstrahl auf den Cantilever projiziert. Durch die Verbiegung der Feder ändert sich die spiegelnde Fläche und damit die Position des reflektierten Strahls. Durch Umrechnung kann damit die Federauslenkung und somit die Kraft bestimmt werden. Über die wirkende Kraft kann mithilfe des Lennard-Jones-Potentials

$$E_{pot} = 4\varepsilon \left[\left(\frac{\sigma}{r} \right)^{12} - \left(\frac{\sigma}{r} \right)^{6} \right]$$ der Abstand zwischen Probe und Spitze des AFM berechnet

werden. Damit ist es möglich, die Oberfläche der Probe zu rekonstruieren. Das Lennard-Jones-Potential hilft hierbei, alle verschiedenen Wechselwirkungen zusammenzufassen.

3 Fragen zur Vorbereitung

a) "Wodurch ist das Auflösungsvermögen der verschiedenen Mikroskope (optisch, REM, AFM) bestimmt und welche Werte kann es annehmen?"

Das Auflösungsvermögen beschreibt eine Eigenschaft von optischen Instrumenten und ist eine Angabe für den minimalen Abstand zweier nah beieinander liegender Objekte bei trennscharfer Auftrennung. Je niedriger dieser Wert ist, desto leichter können Objekte optisch aufgelöst werden. Dieser Wert kann als Abstand angegeben sein, oder als Winkel.

Das menschliche Auge beispielsweise hat eine Auflösung von 2-4 Winkelminuten. Bei optischen Geräten, wie einem Teleskop hängt dieser Wert vom Öffnungsdurchmesser und der verwendeten Wellenlänge ab. Es besteht der Zusammenhang $\sin \alpha = 1{,}22 \dfrac{\lambda}{d}$. Mit steigendem Durchmesser oder sinkender Wellenlänge sinkt dieser Wert. Dieser Wert ist beispielsweise in der Astronomie beim Beobachten von astronomischen Objekten von Belang. In der Mikroskopie findet man durch Anwendung des Rayleigh-Kriteriums, das besagt, dass Auflösung dann erfolgen kann, wenn das Maximum der einen Lichtquelle ins Minimum der anderen fällt, folgenden Zusammenhang: $d = \dfrac{0{,}61\lambda}{N_A}$. N_A bezeichnet die numerische Apertur und kann aus dem Öffnungswinkel und dem Brechungsindex berechnet werden.

Beim Rastertunnelmikroskop sind unter anderem die Dicke der Spitze und die Genauigkeit der Strommessung entscheidend für die Genauigkeit, weil nicht das Problem optischer Überschneidung wie bei optischen Anwendungen besteht. Gleiches gilt für das Rasterkraftmikroskop, nur dass hier die Präzision der Kraftmessung der ausschlaggebende Punkt ist. Typische Werte für das menschliche Auge liegen bei 0,2 mm, für das Mikroskop etwa bei 1µm, im besten Fall um 0,2µm[1]. Für das Rastertunnelmikroskop erzielt man Werte von 0,01-0,1 nm[2], für Rasterkraftmikroskope sind ähnliche Größenordnungen realistisch, unter Umständen noch etwas geringere Werte.

---

[1] http://www.mikroskopie.de/kurse/apertur.htm, Abruf 4.09.2017
[2] www.physik.uni-bielefeld.de/~reimann/PROSEMINAR/zz_enns.pdf, Abruf 4.09.2017

b) "Erläutern Sie die Funktionsweise eines PI(D)-Reglers."

PID ist kurz für *proportional integrative derivative*. Diese Begriffe stehen für die drei Teile dieses Aufbaus. Im proportionalen Teil wird das eingehende Signal lediglich linear verstärkt. Im Integrierregler wird der zeitliche Verlauf der Diskrepanz von der Stellgröße aufintegriert, wobei hier eine Abweichung, die zeitlich später erfolgt, mehr Bedeutung hat, das wird durch die Zeit im Integranden sichergestellt. Im Differenzierregler hingegen wird auf eine zeitliche Änderung reagiert. Da eine Konstante bei der Ableitung ohnehin wegfällt, ist die eigentliche Höhe der Abweichung nicht wichtig, nur der Verlauf der Abweichung.

Insgesamt verbindet der PID-Regler somit die Vorteile der einzelnen Schaltungen und ist am flexibelsten. Die zeitliche Antwort auf ein Signal ist unten in Abb.1 dargestellt:

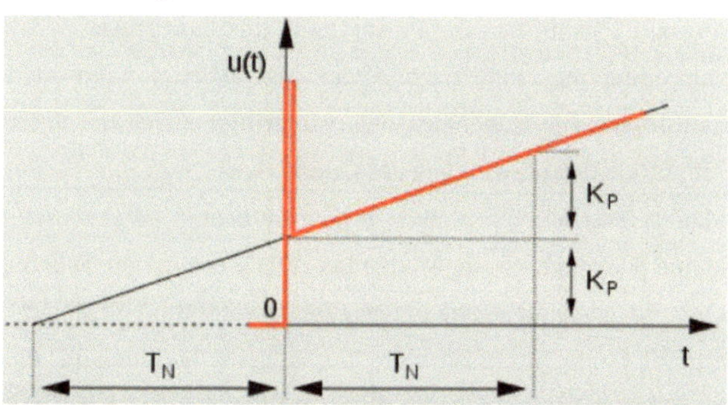

Abbildung 1: zeitliche Antwort eines PID-Reglers[3]

Wegen der Flexibilität werden solche Regler auch bei der Steuerung von beispielsweise Quadcoptern verwendet.

c) "Welche Anforderungen müssen an Proben gestellt werden, die im AFM untersucht werden sollen?"

Das Rasterkraftmikroskop hat den Vorteil, dass sehr feine Proben damit untersucht werden können. Wichtig für die Anwendung ist jedoch, dass die Oberfläche fest ist, sonst schlägt die Kraftmessung fehl. Zudem muss die Oberfläche elektrisch leitfähig sein, da ein Kontakt zwischen Spitze und Probe feststellbar sein muss, was durch einen Stromfluss bestätigt wird (diese Anforderung ist nur im non-contact Modus relevant). Sonst zeichnet sich ein Rasterkraftmikroskop aber eben dadurch aus, dass je nach Cantilever die Auswahl an Proben, die damit untersucht werden können, groß ist, und die Untersuchung kann zudem extrem präzise durchgeführt werden.

---

[3] https://upload.wikimedia.org/wikipedia/commons/thumb/6/6a/Idealer_PID_Sprungantwort.svg/500px-Idealer_PID_Sprungantwort.svg.png, Abruf 4.9.2017

d) "Welche unterschiedlichen Betriebsmodi gibt es und wie funktionieren sie?"

Ein Rasterkraftmikroskop kann auf zumindest zwei verschiedene Arten betrieben werden: Einerseits gibt es die Betriebsart eines direkten Kontaktes zwischen Spitze und Probe, der sogenannte *contact mode.* Hier arbeitet man wahlweise mit einer konstanten Kraft, die auf den Cantilever wirkt oder mit einer festen Höhe des Cantilevers über der Probe. Wir verwenden in unserem Versuch letzteres, diese Methode wird auch *Constant Height Mode* genannt.

Der ständige Kontakt zwischen Probe und Spitze nutzt die Spitze allerdings schnell ab, was ein nicht zu unterschätzender Nachteil ist.

Alternativ kann man durch Anregung des Cantilevers den Kontakt vermeiden. Hierzu verwendet man eine harte Feder und arbeitet nahe an der Resonanzfrequenz des Cantilevers. Die Höhenmessung erfolgt hier durch die Bestimmung der Änderung der Amplitude der Schwingung des Cantilevers.

Man unterscheidet hier zwei Typen: Im echten *non-contact-mode* beobachtet man sehr kleine Schwingungsamplituden bis etwa 2 nm. Ist die Schwingung allerdings stärker, so dass die Probe die Spitze in Folge der Oszillation trifft, spricht man passenderweise vom tapping mode. Alternativ wäre hier auch die Messung der Phasenverschiebung möglich, womit auch Folgerungen für die zu untersuchende Oberfläche möglich sind.

Weiterhin gibt es noch den Kraftmodulationsmodus, der im contact mode die Spitze zusätzlich kurz in die Probe drückt und die auftretenden Kräfte aufzeichnet und den Lateralkraftmodus, bei dem die Reibungskraft zwischen Spitze und Oberfläche mit dem Cantilever gemessen wird.

e) "Von welchen Parametern ist die Resonanzkurve (Amplitude in Abhängigkeit von der Frequenz der äußeren Anregung) für einen Non-contact – Cantilever abhängig?"

Der Cantilever kann im Rahmen dieser Rechnung als Feder behandelt werden. Daher gilt für den Cantilever folgende Beziehung für die Eigenfrequenz $\omega_0 = \sqrt{k/m}$. Dies ist die Resonanzfrequenz des

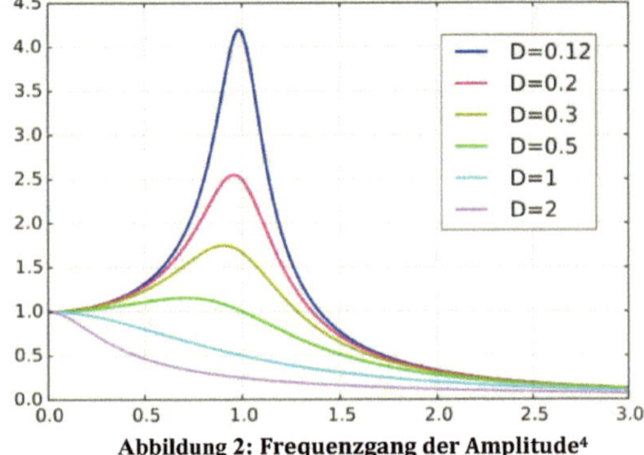

Abbildung 2: Frequenzgang der Amplitude[4]

Systems. Wie stark die Amplitude beim Erreichen dieser Frequenz ansteigt und wie sensitiv das System reagiert, wird maßgeblich durch die Dämpfung bestimmt. Die Abhängigkeit des Verlaufs kann in einer Graphenschar dargestellt werden. Der Verlauf ist in Abb.2 skizziert.

Je niedriger die Dämpfung ist, desto sensitiver ist die Apparatur. Für ein Rasterkraftmikroskop ist dies zunächst einmal wünschenswert, da so bei bekannter Amplitude eine genauere Auslesung möglich ist, der Aufbau ermöglicht genauere Messungen. Dies ist aber nur in gewissen Grenzen möglich, da bei einer zu niedrigen Dämpfung die Feder überbeansprucht wird und unter Umständen reißen kann, oder es kommt unerwünscht zum tapping mode bei einer echten non-contact Messung.

Die Resonanzfrequenz steigt mit der Potenz 1/2 der Federkonstanten an. Die verwendete Feder sollte allerdings nicht zu hart sein, weil die Kräfte durch die Probe sonst in sehr kleine Änderungen der Position übertragen werden, was wieder ungenau wäre.

f) "Welche Größe stellen Sie mit dem *Setpoint* im Programm „Nanosurf" im Contact - und im Non-Contact – Modus ein?"

Der Setpoint gibt hier einen Sollwert an: Damit die Werte nicht zu groß werden und eine Beschädigung der Spitze des Rastertunnelmikroskops zu verhindern, kann man diesen Sollwert einstellen, der nicht unterschritten werden darf. Dieser bezieht sich im Contact-Mode auf die Kraft und im non-contact-mode auf die Schwingungsamplitude.

g) "Wie bestimmt man experimentell die Spitzenform? Welchen Anforderungen müssen die Proben für solche Messungen gerecht werden?"

Die Spitzenform kann über die Eindringtiefe in vordefinierte Vertiefungen in der Probe bestimmt werden. Man kann beispielsweise verschiedene Durchmesser und Tiefen der Hohlräume in den Proben verwenden, um die Breite der Spitze in verschiedenen Höhen zu ermitteln. Daraus lässt sich dann die Spitzenform ermitteln, so ist beispielsweise bei einem linearen Verlauf der Breite mit der Höhe von einer kegelförmigen oder pyramidenförmigen Spitze auszugehen. Die Unterscheidung zwischen diesen beiden Spitzen kann exemplarisch durch Drehung der Spitze festgestellt werden. Stellt man eine Änderung fest, handelt es sich um eine Pyramide sonst um einen Kegel.

---

[4] https://upload.wikimedia.org/wikipedia/commons/thumb/8/8b/Mplwp_resonance_Dmany.svg/600px-Mplwp_resonance_Dmany.svg.png, Abruf 4.9.2017

Tritt dieser Verlauf mit Offset auf, so liegt ein Pyramidenstumpf oder Kegelstumpf vor.

Besteht keine Abhängigkeit von der Höhe, ist die Spitze zylindrisch oder quaderförmig.

Auf diese Art können auch weitere Spitzenformen (z.B. quadratisch) ermittelt werden.

Wichtig für diese Messung ist, dass die Vertiefungen fest definierte und genau bekannte Maße haben, zudem muss die Probe die allgemeinen Anforderungen an eine Probe eines Rasterkraftmikroskops erfüllen.

h) "Wie ist mathematisch die Faltungsfunktion definiert und wie ist ihre geometrische Bedeutung?"

Die Faltung zweier Funktionen ergibt sich, wenn man beide Funktionen fouriertransformiert und dann diese transformierten Funktionen miteinander multipliziert und dann wieder rücktransformiert. Dabei kann man die Fouriertransformation schreiben als

$$F(x) = \frac{1}{\sqrt{2\pi}} \int_{-\infty}^{\infty} f(x)e^{-ik\cdot x}dx$$

Damit gilt dann $F(f * g) = 2\pi \cdot F(f) \cdot F(g)$. Diese Gleichung kann zurücktransformiert werden, damit erhält man für die Faltung folgendes: $f * g = F^{-1}(2\pi \cdot F(f) \cdot F(g))$. Alternativ kann auch das Faltungsintegral direkt berechnen. $(f * g) = \int f(\tau)g(x - \tau)d\tau$.

In diesen Ausführungen bezeichnet F die Fouriertransformierte und F^{-1} die inverse Transformierte. Die geometrische Bedeutung ist die Überlappung der beiden Funktionen, wenn man sie übereinander legen würde.

Als Anwendung ist beispielsweise die Filterung von Störsignalen in der Übertragungstechnik denkbar.

i) "Arbeiten Sie mit den Programmen „AFM Model", „Driven Oscillator" und „Probe Simulator", die sie auf der Praktikumshomepage finden."

Diese drei Programme wurden uns vor Versuchsbeginn zur Verfügung gestellt.

Das Programm *AFM Model* dient zur groben Veranschaulichung der Funktionsweise eines Rasterkraftmikroskops. Die Einstellung der Verstärkung des Feedbacks führt bei einer zu hohen Einstellung zum Übersteuern der Ausgabe. Die Einstellung der Scangeschwindigkeit führt bei zu hoher Einstellung zu Ungenauigkeiten. Die Messung kann nur sinnvoll erfolgen, wenn der Abstand nicht zu groß ist, also die Spitze auf der Probe passend aufliegen kann.

Mit der zweiten Anwendung *Driven Oscillator* wird eine erzwungene Schwingung simuliert, bei der die Anregungsfrequenz und die Dämpfung eingestellt werden können. Die Anregungsfrequenz muss für eine große Schwingungsamplituden möglichst gut mit der Resonanzfrequenz übereinstimmen. Die Dämpfung beeinflusst maßgeblich den Gütefaktor der Anordnung. Je niedriger die Dämpfung ist, desto höher ist der Gütefaktor.

Im Programm *Probe Simulator* können verschiedene Probenoberflächen und Spitzen des Rasterkraftmikroskops simuliert werden und die Auswirkung auf die Eindringtiefe und damit auf die Genauigkeit der Oberflächenabtastung. Je größer die Spitze ist, desto unsauberer wird die Messung, das gilt unabhängig von der Art der Spitze und der Oberfläche. Insgesamt scheint eine pyramidenförmige Spitze am besten zu sein, was darin begründet liegt, dass dieser Typ am unteren Ende am schmalsten ist und somit reagiert die Eindringtiefe sehr sensibel auf die Oberfläche.

j) "Zur Vorbereitung und zum Kennenlernen der Programmoberfläche der Steuersoftware für das AFM Nanosurf Easy Scan 2 sollten Sie sich das Installationsprogramm auf Ihren Rechner laden und installieren. Unter *Options / Simulate Microscope* können Sie einige Mess- und Einstellmöglichkeiten auch ohne angeschlossenes AFM vorab simulieren. Dieses Programm benötigen Sie auch später zur Auswertung Ihrer

Messdaten. Die einzelnen Kontrollfenster sind im AFM-Handbuch sehr ausführlich beschrieben. Mit dem Button *START* im *Imaging Window* starten Sie den Scankopf des AFM für eine fiktive Messung (AFM-Simulator). Die Topographie der jeweils aktuellen Scanzeile (Linienprofil) sieht man im unteren „Topographie - Scan Forward" - Fenster. Versuchen Sie, mit Hilfe des Werkzeugs *Winkelmessung* in der Toolbar die aktuelle

Verkippung der fiktiven Probenoberfläche zu bestimmen und zu kompensieren (siehe auch S. 62 des AFM-Handbuches). Nehmen Sie dann ein vollständiges Bild der „Probenoberfläche" auf und beschreiben Sie kurz die erhaltene Messung."

Der Verkippungswinkel wurde durch eine Messung mit dem verwendeten Toll auf etwa 44° bestimmt. Nach einer Eingabe dieses Wertes beim Slope in x-Richtung erschien die Probe fast senkrecht, die Verkippung wurde damit kompensiert.

4 Versuchsaufbau und Messtechniken

In diesem Versuch verwenden wir ein Rasterkraftmikroskop im constant height mode in der non-contact-Einstellung. Wir verwenden die Apparatur nanosurf easyscan 2 und die dazugehörige Software, die auch auf dem eigenen Endgerät installiert wurde. Wichtig ist hier, jeden Kontakt des Cantilevers mit der Probe zu vermeiden. Im Versuch werden insgesamt sechs Proben vermessen.

In der ersten Messung wird das Eichgitter vermessen, anschließend ein Masterwerkzeug für die CD-Pressung aus dem Extended Sample Kit, bei dem einige Auswertungen erfolgen sollen.

Das dritte Präparat sind Nanoröhrchen aus Carbon, die auch im Contact mode untersucht werden können, um die Form der Spitze des Rasterkraftmikroskops zu bestimmen. Ähnlich ist das Verfahren bei der vierten Messung, nur werden hier Glaskügelchen untersucht und das im non-contact mode. Hiermit soll der Krümmungsradius der Spitze errechnet werden. Wichtig für diesen Versuchsteil ist die Kenntnis der Daten der Glaskügelchen.

Im nächsten Versuchsteil soll eine Polymerstruktur untersucht werden. Hierfür wäre der contact mode besser geeignet.

Als Letztes soll das Oberflächengitter einer Triphenylaminprobe holografisch untersucht werden. Während des gesamten Versuches werden wir die besten Aufnahmen speichern und im Versuchsprotokoll oder der Auswertung an geeigneter Stelle anbringen.

5. Versuchsprotokoll

Datum: 7.9.2017

Uhrzeit: 8:50-17:00

verwendete Geräte: nanosurf easyscan 2 (Auswerteprogramm)

       extended sample kit

       nanosurf isostage table + controller

       non-contact Spitzen: Dicke $7\pm1\,\mu m$, Länge $225\pm10\,\mu m$, Breite $38\pm7{,}5\,\mu m$, Resonanzfrequenz 146-236 kHz

       contact Spitzen: Dicke $2\pm1\,\mu m$, Länge $450\pm10\,\mu m$, Breite $50\pm7{,}5\,\mu m$

5.1 Messung des Eichgitters

Zunächst wurde das Eichgitter in das Rasterkraftmikroskop eingesetzt. Die Verkippung wurde durch die Einstellung der Slope-Werte eingestellt, danach wurde durch eine kurze Testmessung die korrekte Einstellung verifiziert. Die Messung dauerte etwa 40 Minuten.

Im Folgenden die Parameter des Eichgitters: 10µm/100µm, Periodizität 10 µm, Höhe in z 119 µm

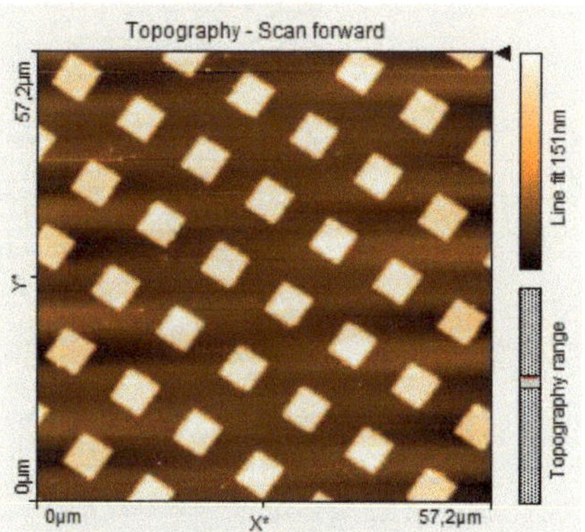

Bei jedem Versuch wurde ein grober Durchgang über einige Linien gefahren und mit dem Winkeltool die Verkippung in beide Richtungen bestimmt, und diese durch die Slope-Einstellungen ausgeglichen, bevor eine feine Messung gestartet wird (Abb.3)

Abbildung 3: Aufnahme des Eichgitters

5.2 CD-Presswerkzeug

Jetzt wird das Rasterkraftmikroskop weiter im contact-mode betrieben und eine weitere Aufnahme angefertigt. Das untersuchte Werkstück wird dazu benutzt, CDs zu brennen oder zu pressen. Demzufolge müssen alle möglichen Kombinationen aus Vertiefungen und Höhen in diesem Werkzeug enthalten sein. In der Auswertung soll die Länge der einzelnen Bumps und der Abstand zwischen zwei Rillen

errechnet werden. Hier versuchen wir, eine Stelle ohne störende Verschmutzungen zu finden (siehe Abb.4)

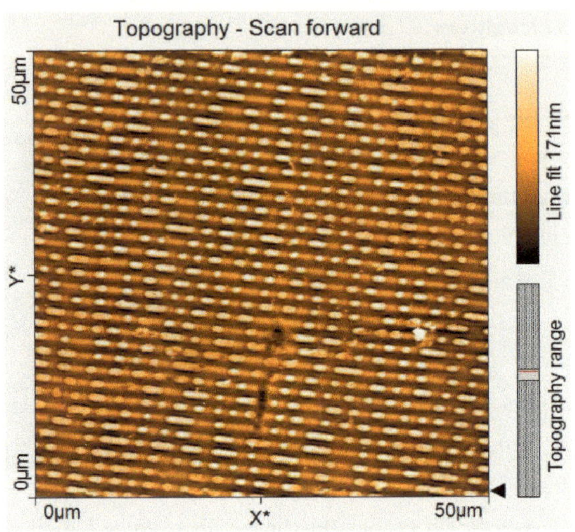

Abb. 1: Aufnahme des CD-Masterpresswerkzeugs

5.3 Nanotubes

Hier werden kleine Röhren untersucht, unter anderem Länge und Krümmungsradius. Dazu wird die entsprechende Probe vorsichtig in das Rasterkraftmikroskop eingebracht (siehe Abb.5)

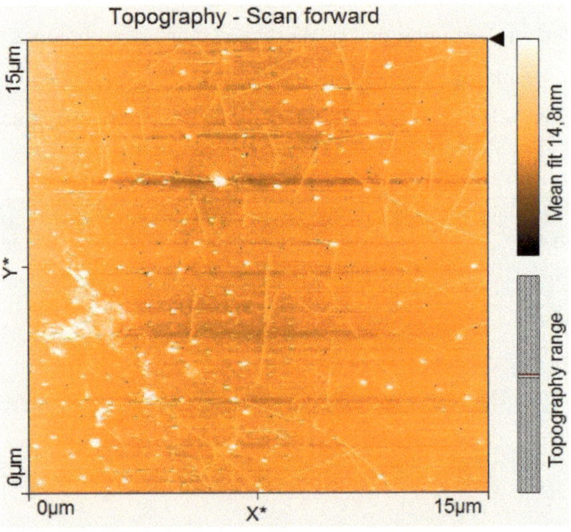

Abb. 2: Bild der Nanotubes in grober Auflösung

5.4 Glasperlen

Hierzu stellen wir mit Hilfe des Betreuers das Rasterkraftmikroskop auf den non-contact-mode um und setzen die Probe mit den Glasperlen ein. Wir führen eine grobe Messung und eine feine Messung einer Perle durch. Im unteren Teil wurde leider ein Teil des Bildes überschrieben. Diese Messung ist in Abb.6 aufgezeichnet.

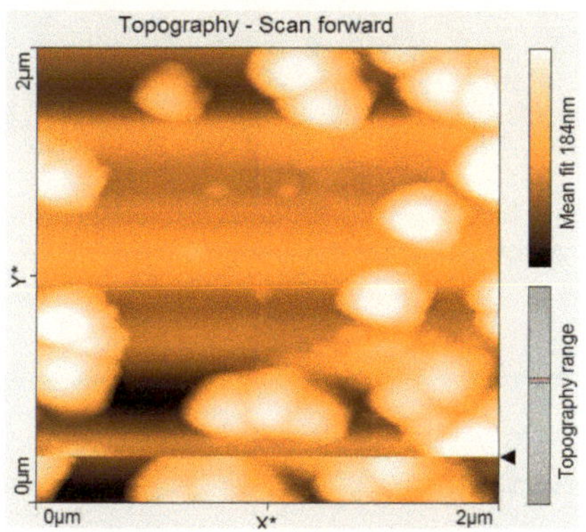

Abb. 3: AFM-Aufnahme der Glasperlen

5.5 PS/PMMA

Der Betriebsmodus des Rasterkraftmikroskops wird auf Phasendifferenz umgestellt. Die Probe wird untersucht und die Phasendaten und die Topographie ausgelesen, um Polystrol und Polymethylmetharcylat voneinander zu unterscheiden. Diese Skizzen müssen direkt ausgewertet werden, also führen wir sie im Anhang an.

5.6 Holografieplatte

Dazu wird eine holografische Platte in die Apparatur eingebracht. Nach einigen Fehlversuchen mit falschem Set point und falscher Einstellung erhalten wir am Ende eine brauchbare Messung. Diese Messung ist nachfolgend in Abb.7 gezeigt.

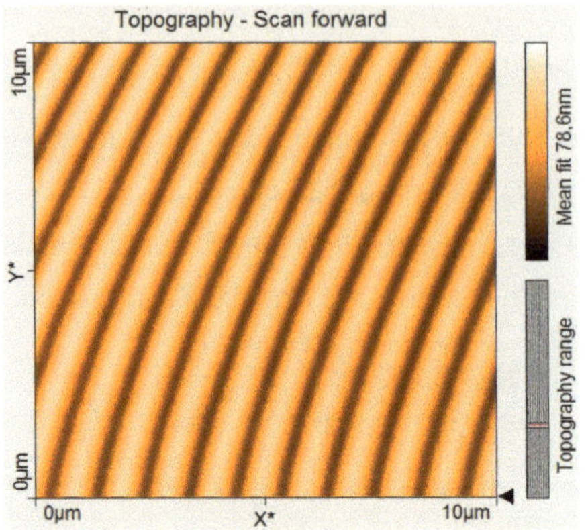

Abb. 4: Aufnahme des holografischen Gitters

6 Auswertung

6.1 Analyse des Eichgitters

Die Messung in Richtung der angegebenen Achse liefert mit Auswertung mithilfe des Programms einen Wert von 50,00µm bei 5 Perioden. Der Digitalisierungsfehler scheint 1/1000 der kompletten Achse zu sein, was an der Bildschirmauflösung liegt.

Die Auflösung des AFM ist 0,1 nm in der Höhe und 3 nm lateral.

Die Ergebnisse sind untenstehend zu finden.

<u>a) Ermittlung der Länge</u>

Dazu messen wir entlang der vorgegebenen Linie 5 Perioden ab, um die Genauigkeit zu erhöhen. Der Querschnitt ist in Abb.8, die entsprechenden Daten und das Diagramm in Abb.9 sichtbar.

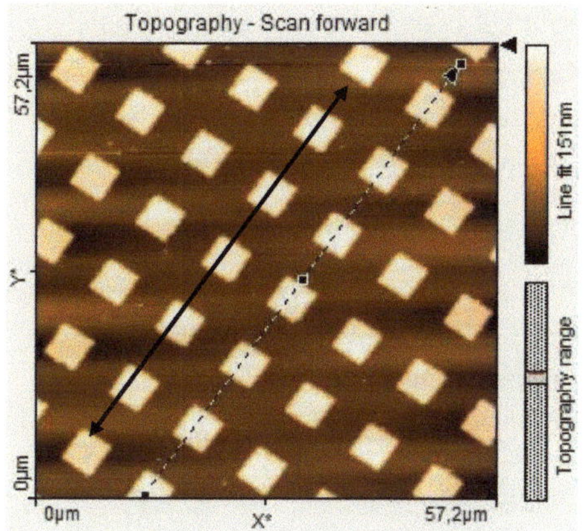

Abb. 5: Querschnitt zur Längenmessung

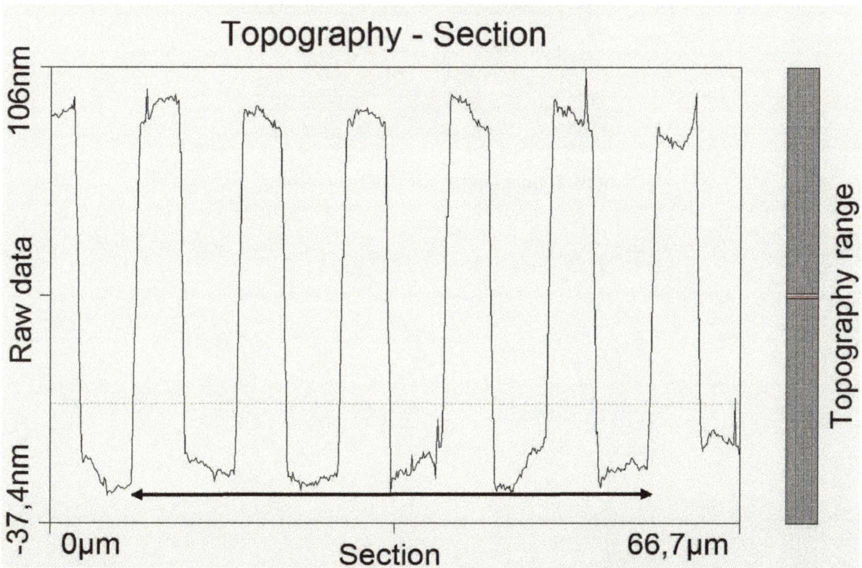

Abb. 6: Auslesen der Länge aus dem erstellten Diagramm, 49,97 µm für 5 Perioden

Damit erhalten wir $l = \dfrac{49{,}97\mu m}{5} = 9{,}99\mu m$ sowie $s_l = \sqrt{(3nm)^2 + (\dfrac{66{,}7\mu m}{1000})^2}\,/\,5 = 0{,}02\mu m$,

also $\boxed{l = 9{,}99 \pm 0{,}02\ \mu m.}$

Dieses Ergebnis passt sehr gut zu den erwarteten 10 Mikrometern, die als Referenz auf dem Eichgitter angegeben waren.

<u>b) Ermittlung der Breite</u>

Auch hier wurden entlang eines Querschnittes 5 Perioden abgelesen. Der Querschnitt ist in Abb. 10 gezeigt, das ausgegebene Diagramm in Abb.11.

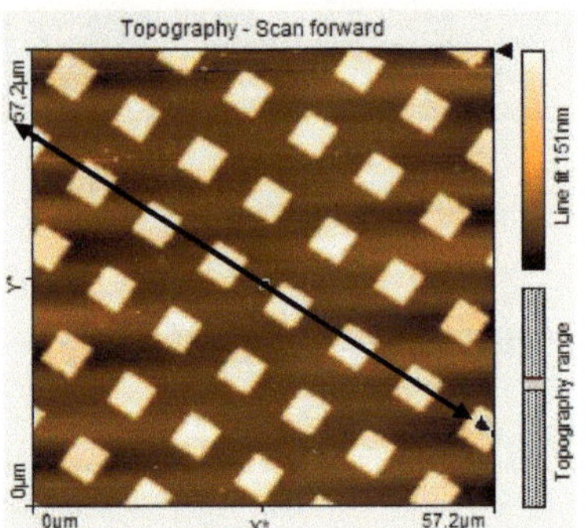

Abb. 7: Querschnitt zur Breitenmessung

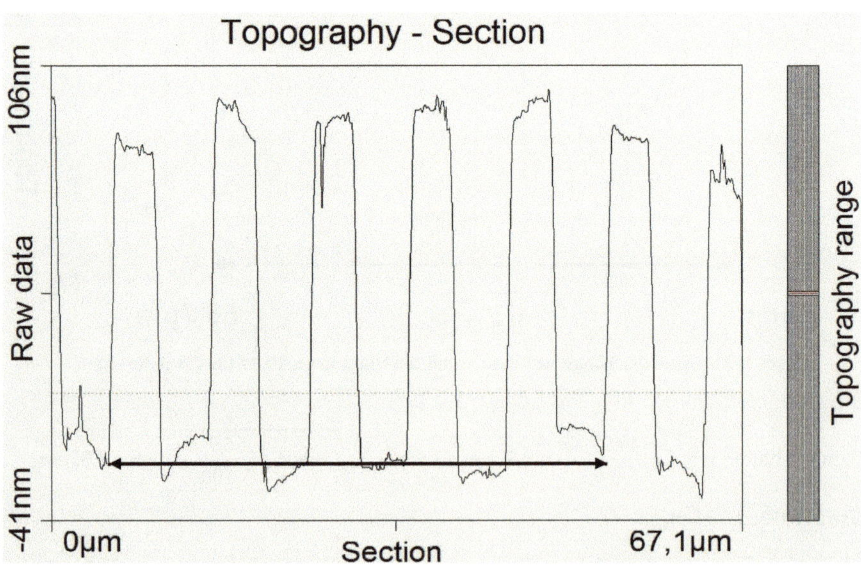

Abb. 8: Breitenmessung, 48,33 µm für 5 Durchgänge

16

Die Fehlerrechnung erfolgt nach der gleichen Methodik wie oben.

$$b = \frac{48,33\mu m}{5} = 9,67\mu m; s_b = \sqrt{(3nm)^2 + (\frac{67,1\mu m}{1000})^2} / 5 = 0,02\mu m \text{, also } \boxed{b=9,67\pm0,02 \text{ μm}}$$

Dieses Ergebnis weicht von den Erwartungen ab, möglicherweise ist die Ablesung ungenau oder die Digitalisierung fehlerhaft. Auch möglich ist eine Abweichung der eingestellten Linie von der idealen.

<u>c) Ermittlung der Höhe</u>

Hierfür wurde der gleiche Querschnitt wie bei der Messung der Länge verwendet. Die Grafik folgt untenstehend in Abb.12

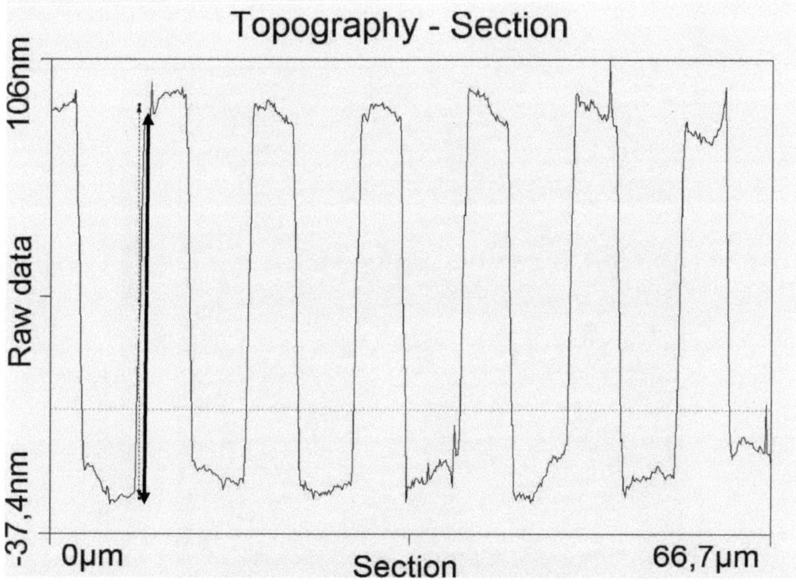

Abb. 9: Höhenmessung, Höhe ist hier 119 nm

Die Höhenmessung passt zwar gut, dennoch ist der Fehler der Höhenmessung durch das verrauschte Signal an den Peaks recht groß und muss daher zu etwa 2 Nanometern abgeschätzt werden. Es folgt also, wenn der kleine systematische Fehler vernachlässigt wird $\boxed{h=119\pm2 \text{ nm}}$.

Insgesamt kann man zu dieser Messung sagen, dass das Eichgitter relativ genau vermessen werden konnte, bis auf die Messung der Breite. Dies kann aber auch an Beschädigungen des Gitters an sich liegen (Probe fiel evtl. runter).

6.2 CD-Masterpresswerkzeug

<u>a) senkrechter Abstand zwischen zwei Spuren</u>

Dazu werten wir mehrere Spuren nebeneinander aus. Da die Spuren nicht alle schön messbar sind, nehmen wir 9 nebeneinander liegende Spuren. Zunächst muss wieder ein Querschnitt erstellt werden. Dieser wird in Abb. 13 dargestellt, die Analyse der Entfernungen in Abbildung 14.

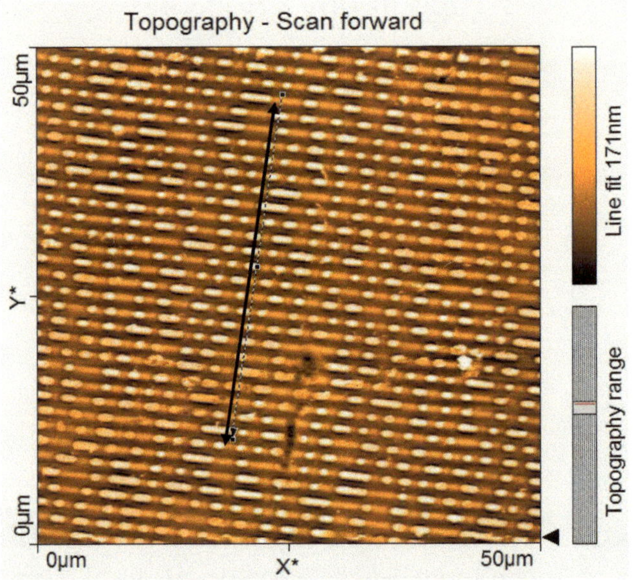

Abb. 10: Querschnittslinie für die Abstandsmessung

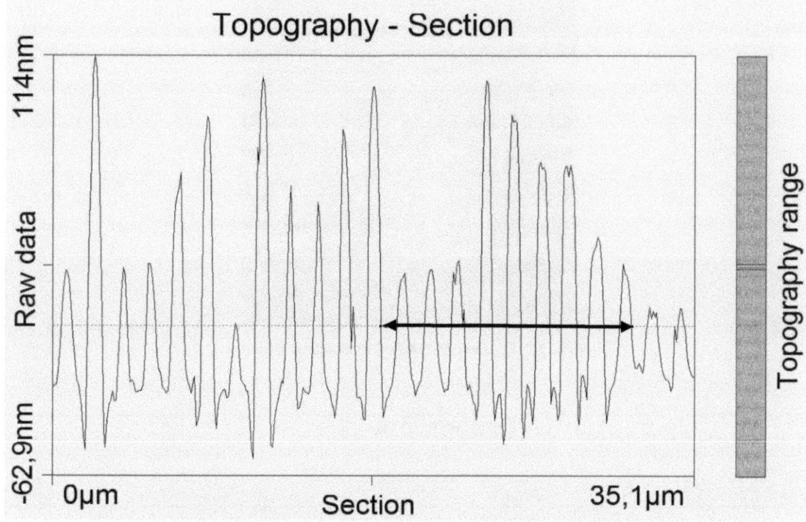

Abb. 11: Abstandsmessung, 9 Abstände sind 13,68µm

Es ergibt sich für den Abstand zweier Linien $d = \dfrac{13,68\mu m}{9} = 1,52\mu m$ und für den Fehler

$s_d = \sqrt{(3nm)^2 + (\dfrac{35,1\mu m}{1000})^2}\,/\,9 = 0,01\mu m$. Also folgt $\boxed{d=1,52\pm0,01\mu m}$.

b) Bestimmung der Bumplängen aus FWHM

Dazu wurden 8 Bumps auf die volle Halbwertsbreite vermessen und die Werte mit den theoretischen verglichen. Wichtig ist zunächst die Berechnung des kleinsten Bumps und dessen Fehlers, da alle weiteren theoretischen Werte darauf basieren. Die Auslesung erfolgt in Abbildung 15 und 16.

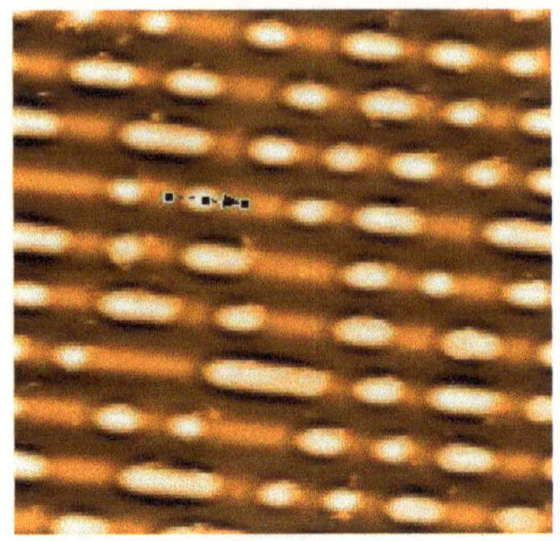

Abb. 12: Querschnitt des kleinsten Bumps

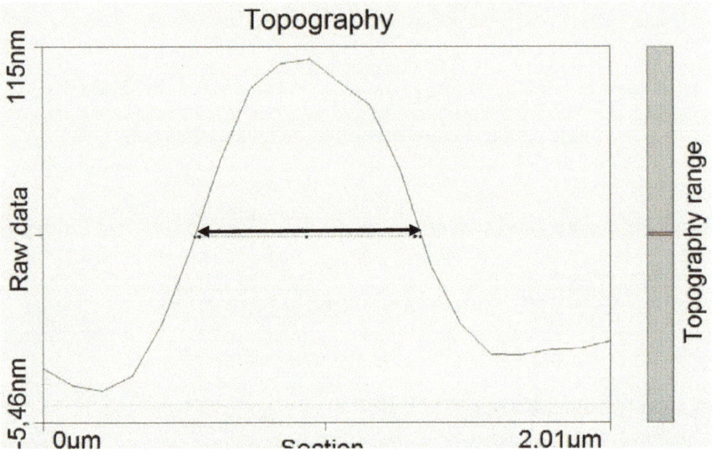

Abb. 13: Messung des kleinsten Bumps, 796 nm

Der Fehler wird analog zu den Längenmessungen berechnet zu

$$s_b = \sqrt{(3nm)^2 + (2,01\mu m)^2} = 4nm.$$

Damit ergibt sich b zu $\boxed{b=796\pm4 \text{ nm}}$

Zunächst folgen die Abbildungen 17-30, um die benötigten Daten für die Tabelle zu ermitteln:

In der rechten Spalte ist jeweils die Halbwertsbreite in nm angegeben:

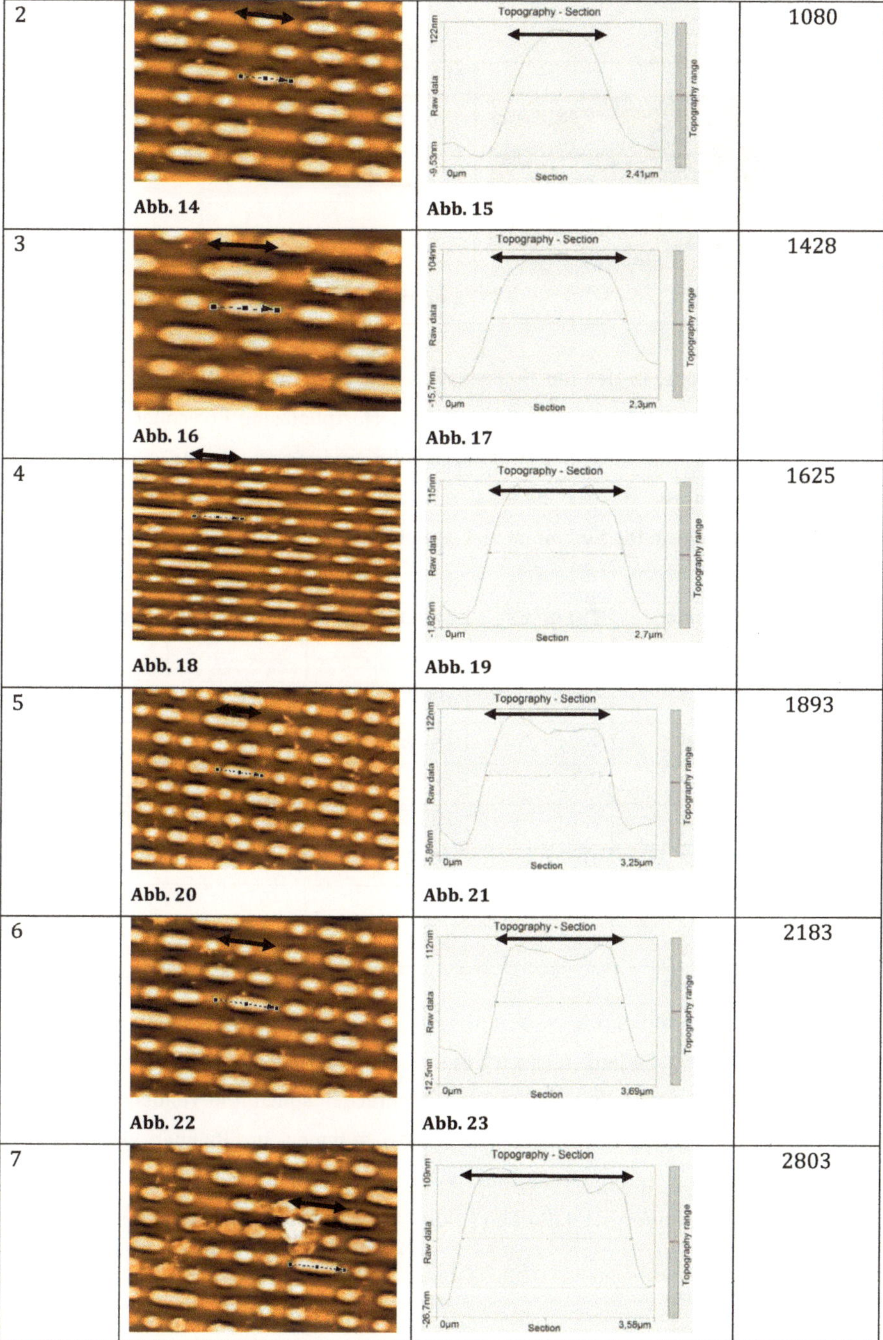

2	Abb. 14	Abb. 15	1080
3	Abb. 16	Abb. 17	1428
4	Abb. 18	Abb. 19	1625
5	Abb. 20	Abb. 21	1893
6	Abb. 22	Abb. 23	2183
7			2803

	Abb. 24	Abb. 25	
8	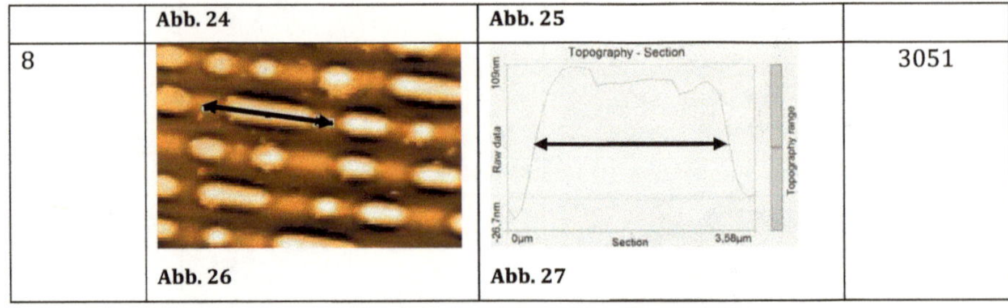		3051
	Abb. 26	Abb. 27	

Nun folgt die Tabelle, in der die theoretisch erwarteten Werte mit den gemessenen verglichen werden, die Fehler werden mit Fehlerfortpflanzung errechnet, wobei der Fehler durch das Auslesen der Halbwertshöhe und damit -breite aufgrund der Schwankung oben zu 5% der maximalen Breite abgeschätzt wurde. Darin ist der Ablesefehler inkludiert. Die Einheit ist hier Nanometer.

Verhältnis	Theorie	Theorie Fehler	Experiment	Fehler	Abweichung
4/3	1061,3	5,3	1080	54	18,7
5/3	1326,6	6,7	1428	71	101,4
6/3	1592,0	8,0	1625	81	33,0
7/3	1857,3	9,3	1893	95	35,7
8/3	2122,7	10,7	2193	109	70,3
10/3	2653,3	13,3	2803	140	149,7
11/3	2918,7	14,7	3051	153	132,3

Die Fehler sind relativ groß, was einerseits am graphischen Auslesen der vollen Halbwertsbreite liegt. Zudem steht auch in der Anleitung des *Extended Sample Kit,* dass die Werte den vorgegebenen nur ungefähr entsprechen sollen. Die Tendenz ist jedoch trotzdem eindeutig erkennbar und die Werte stimmen im Rahmen des Fehlers zumindest halbwegs gut überein. Die Werte der Theorie sind zudem immer die kleineren, was auf einen systematischen Fehler in der Apparatur schließen lässt.

6.3 Nanotubes

<u>a) Länge verschiedener Nanoröhrchen</u>

Dazu suchen wir in unserem Bild besonders kurze und besonders lange Nanoröhrchen.
Die längsten Röhrchen haben hier eine Länge von 4300±43 nm, die kürzesten eine von
158±2 nm. Der Fehler wurde hier durch die Einstellung auf dem Display von ca. 10 Pixel
Genauigkeit im Verhältnis zu den 1024 Pixel pro Zeile auf einen Prozent abgeschätzt.
Daher unterscheidet sich das Verhältnis doch deutlich, was aber auch charakteristisch
für diese Röhrchen ist. Exemplarisch sind ein sehr kurzes und sehr langes Röhrchen in
Abb. 31 und 32 aufgeführt.

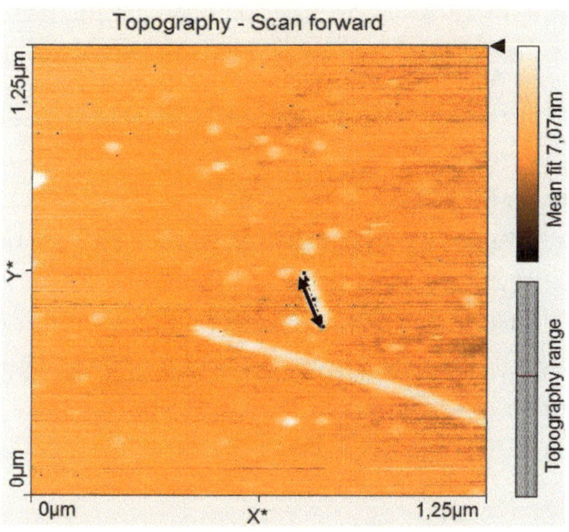

Abb. 28: kurzes Nanotube mit Länge 158,3 nm

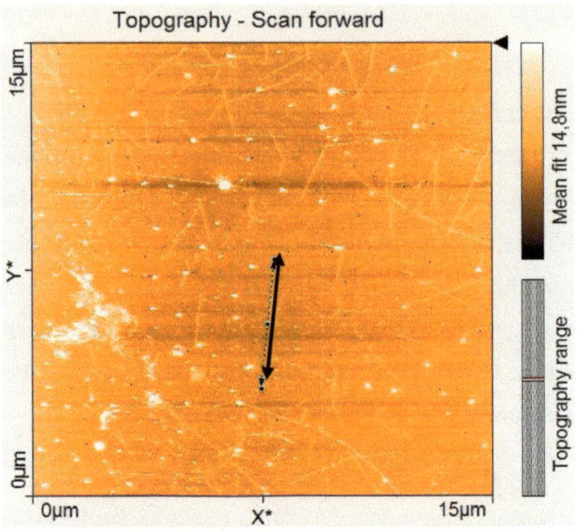

Abb. 29: langes Nanotube mit Länge 4300 nm

b) Breite und Höhe der Nanotubes

Auch hier wird der Fehler auf einen Pixel (=1/1000 des Maximalwertes) plus drei Nanometer lateral bzw. 0,1 Nanometer in der Höhe approximiert und diese Werte werden quadratisch addiert. Die Breitenmessung ist in Abb.33 und die Höhenmessung in Abb. 34 verzeichnet. Die Höhe wurde senkrecht zum Plateau gemessen, weil die Verkippung nicht ganz verschwand:

$$s_d = \sqrt{(3nm)^2 + (0{,}287nm)^2} = 3nm, s_r = \sqrt{(0{,}1nm)^2 + (7{,}07\,pm)^2} = 0{,}1nm$$

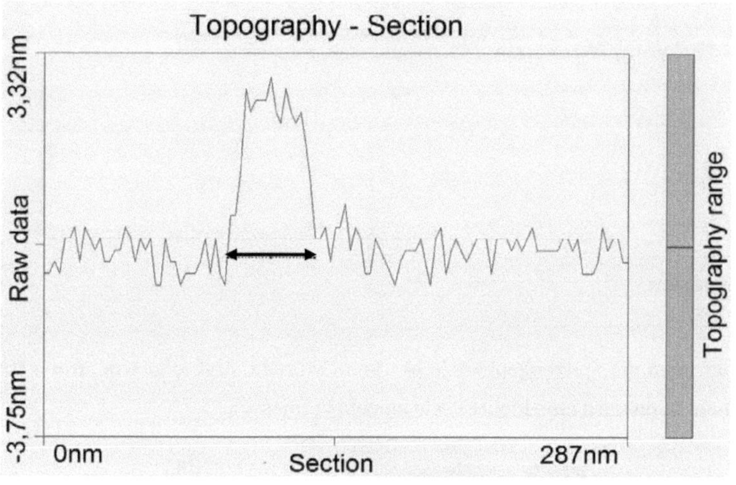

Abb. 30: Breite 42,81 nm

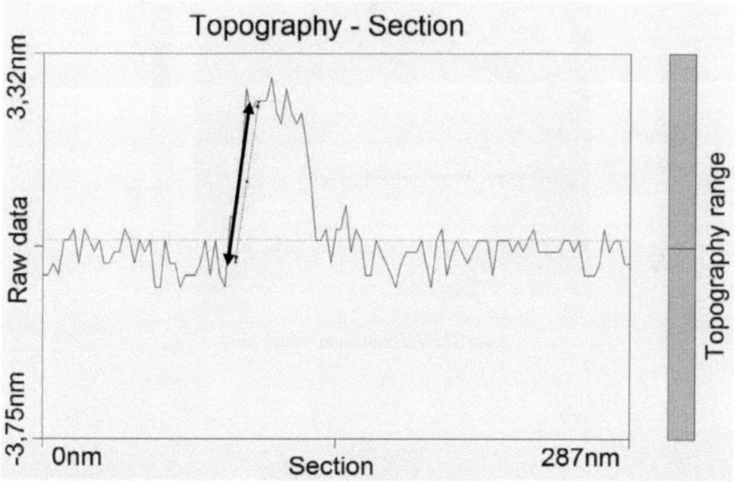

Abb. 31: Höhe 3,034 nm

<u>c) Krümmungsradius</u>

Dazu benutzen wir die Gleichung $R = \dfrac{d^2}{4r} = \dfrac{(42,81nm/2)^2}{4 \cdot 3,03nm} = 37,8nm.$ [5]

---

[5] Herleitung siehe Anleitung Extended Sample Kit S.47

und mit $s_R = \sqrt{\left(\dfrac{2d}{16r}s_d\right)^2 + \left(\dfrac{-d^2}{16r^2}s_r\right)^2} = 6{,}5nm$ folgt $\boxed{r = 37{,}8 \pm 6{,}5\ nm}$

6.4 Glasperlen

Auch hier kann die Spitzengeometrie bestimmt werden. Erst folgt eine grobe Messung, siehe oben. Dann wird eine kleine Perle einzeln vermessen.

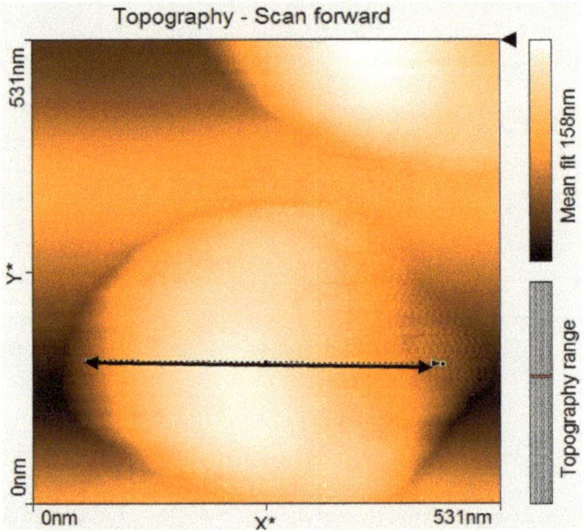

Abb. 32: Durchmesser 402,6 nm

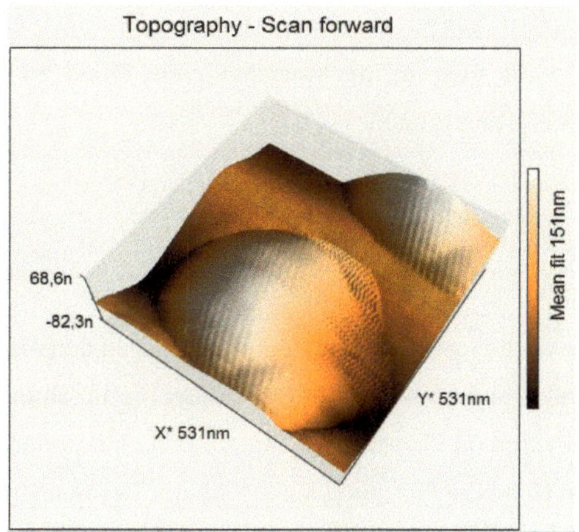

Abb. 33: 3D-Plot der Perle aus Glas

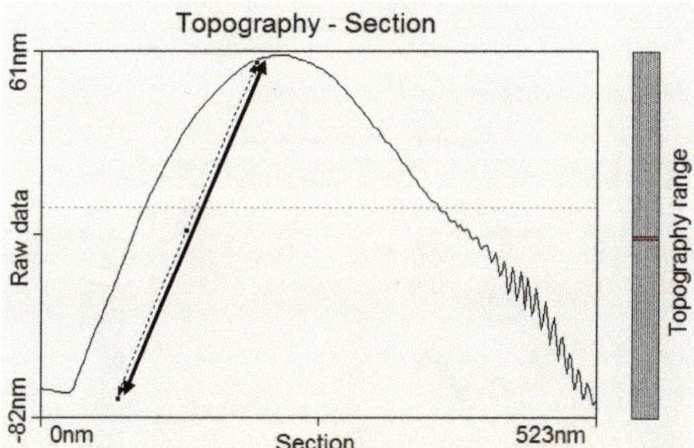

Abb. 34: Höhe 132,8 nm(y-Differenz), Gesamtlänge des Pfeils 169 nm

Dazu wird ebenfalls der Krümmungsradius berechnet. Hierzu verwenden wir die Formel

$$r = \frac{(R-h)^2}{2h} = \frac{(402{,}6nm/2 - 132{,}8nm)^2}{2 \cdot 132{,}8nm} = 17{,}7 \text{ nm}$$

Der Fehler von D muss aufgrund der Ausschmierung zu 50 nm angenommen werden, der Fehler von R dementsprechend zu 25 nm. Weiter ist $s_h = 0{,}1nm$. Für die Fehlerfortpflanzung folgt also:

$$s_r = \sqrt{\left(\frac{2h(R-h)^2 + 4(R-h)}{4h^2} s_h\right)^2 + \left(\frac{2(R-h)}{2h} s_R\right)^2} = 13 \text{nm.}$$

Damit ergibt sich $r=18\pm13nm$. Aufgrund des großen Fehlers stimmen beide Rechenwerte gerade noch überein, der entscheidende Punkt ist die Ausschmierung durch unerwünschte Fehlsteuerungen.

6.5 PS/PMMA

Die Unterscheidung zwischen zwei Messungen erfolgt hier in den Abb. 37 und 38.

Es fällt auf, dass die Grundstrukturen beider Bilder recht ähnlich sind. Die hellen Bereiche (große Höhe) sind im Phasendiagramm dunkel. Das ist darauf zurückzuführen, dass bei einer solchen Höhe die Anregung außerhalb der Resonanzfrequenz erfolgt. Laut den entsprechenden Datenblättern hat Polystryrol eine geringere Härte als PMMA.[6] Deshalb sind die dunklen Stellen im Phasendiagramm Polystrol, die von "Erhebungen" aus Polymethylmethacrylat durchsetzt werden. Im topographischen Diagramm ist es umgekehrt, PMMA verursacht hier also Einstülpungen.

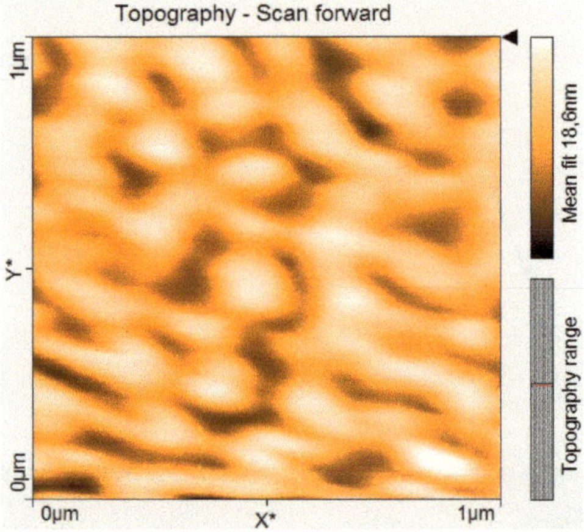

Abb. 35: Topographische Aufnahme des Polymergemisches

---

[6] https://www.kern.de/de/technisches-datenblatt/polystyrol-ps?n=2101_1
https://www.kern.de/de/technisches-datenblatt/polymethylmethacrylat-pmma?n=2610_1, Abruf 7.9.2017

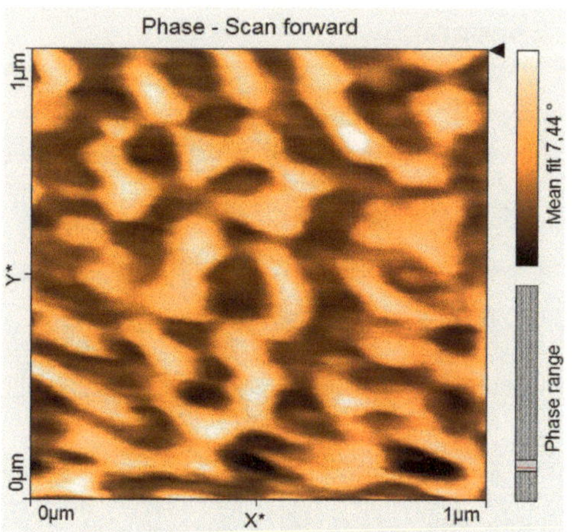

Abb. 36: Phasenaufnahme des Polymergemisches

6.6 Holografisches Gitter

Für diese Aufnahme wurden die Einstellungen beibehalten, der Set point wie oben bei 70% und die Verstärkungswerte blieben auch konstant. Die Gitterkonstante wird wieder durch Abzählen von 5 Maxima und die Messung dazugehöriger Längen bestimmt.

$$L = \frac{4543nm}{5} = 908{,}6nm, s_L = \sqrt{(3nm)^2 + (5{,}53nm)^2}\,/\,5 = 1{,}3nm \text{ und} \qquad\qquad \text{damit}$$

$$G = \frac{1mm}{908{,}6nm} = 1101\frac{Striche}{mm}, s_G = \frac{10^6\,nm}{(908{,}6nm)^2} \cdot 1{,}3nm = 2\frac{Striche}{mm}. \text{ Damit ergibt sich die}$$

Gitterkonstante zu $\boxed{G=1101\pm2 \text{ Striche/mm}}$. Siehe dazu Abb. 40 und 41.

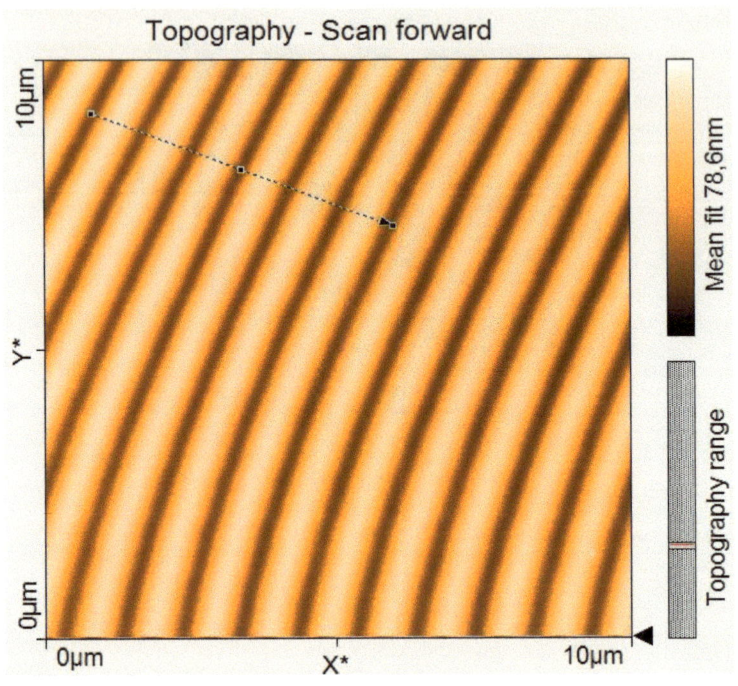

Abb. 37: Querschnitt für Abb.41

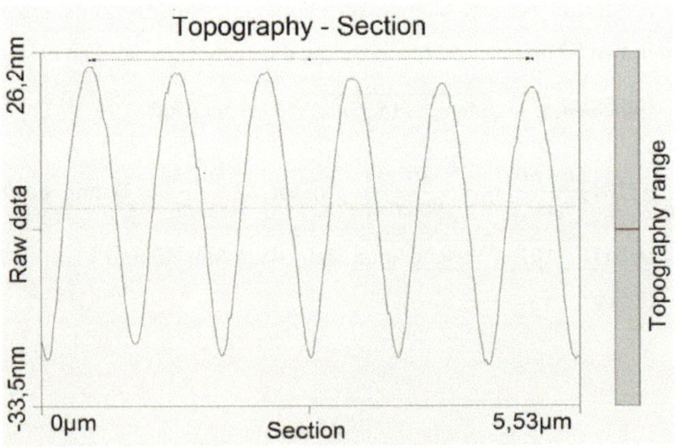

Abb. 38: 4,543 µm für 5 Maxima

7 Fazit

Mit einem Rasterkraftmikroskop können verschiedenste Proben sehr fein vermessen werden. Wir haben das in diesem Versuch für sechs verschiedene Samples durchgeführt und interessante Strukturen beobachtet, unsere Rechnungen stimmen bis auf einige Ausnahmen gut mit den Erwartungen überein.

Das Prinzip der Verformung einer Feder gemäß dem Hookeschen Gesetz lernt man früh in der Physiklaufbahn kennen, die Anwendungen sind weitreichend und können helfen, Strukturen im Nanometerbereich oder noch darunter, wenn man Höhen misst, aufzulösen. Die Messungen zeichnen sich durch eine sehr gute Auflösung und durch gut auch aus Bildern ablesbare Daten aus, das Messprogramm war nach einigen Stunden intuitiver als gedacht und hilfreich. Faktisch alle Auswertungen konnten im Messprogramm durchgeführt werden, abgesehen von einigen Tippübungen auf dem Taschenrechner.

Ein Rasterkraftmikroskop verbindet also leicht verständliche physikalische Grundprinzipien wie Federn und erzwungene Schwingungen mit enormer Präzision - die leider durch Ablesen und Digitalisierung relativiert wurde.

BEI GRIN MACHT SICH IHR WISSEN BEZAHLT

- Wir veröffentlichen Ihre Hausarbeit,
  Bachelor- und Masterarbeit

- Ihr eigenes eBook und Buch -
  weltweit in allen wichtigen Shops

- Verdienen Sie an jedem Verkauf

Jetzt bei www.GRIN.com hochladen
und kostenlos publizieren